中华香文化

礼敬 香的世界

王 珀 宋 兵◎主编

SPM 南方出版传媒 广东人民出版社
·广州·

图书在版编目（CIP）数据

中华香文化 / 王珀，宋兵主编. -- 广州：广东人民出版社，2021.1

ISBN 978-7-218-14456-6

Ⅰ. ①中… Ⅱ. ①王… ②宋… Ⅲ. ①香料—文化—中国 Ⅳ. ①TQ65

中国版本图书馆CIP数据核字（2020）第164319号

ZHONGHUA XIANG WENHUA

中华香文化

王珀　宋兵　主编

出 版 人：肖风华

责任编辑：梁　晖　黎　捷
插　　画：罗晓玲
装帧设计：友间文化
责任技编：周星奎

出版发行：广东人民出版社
地　　址：广州市海珠区新港西路204号2号楼（邮政编码：510300）
电　　话：（020）85716809（总编室）
传　　真：（020）85716872
网　　址：http://www.gdpph.com
印　　刷：广州市岭美文化科技有限公司
排　　版：广州市友间文化传播有限公司
开　　本：787mm×1 092mm　1/16
印　　张：6.75　　　字　数：100千
版　　次：2021年1月第1版
印　　次：2021年1月第1次印刷
定　　价：97.00元（全二册）

如发现印装质量问题，影响阅读，请与出版社（020-85716849）联系调换。
售书热线：（020）85716826

香之五品
——并序《中华香文化》

黄树森

香，深藏秘辛。香，神异奇崛。

没有时间积淀，一切皆为表面浮华。2004-2006年，我在东莞跑了18个镇，初识“莞香”，到2019年12月6日，接受中国（东莞）国际沉香文化产业博览会授予的“香博会十周年特别贡献奖”，15载光阴弹指而过，暮齿之年，春秋数易，深感流逝之速。如雨落花心，自成甘苦；如水归器内，各现方圆。香历史、香文化、香产业、香生活、香教育，呈破茧成蝶，艳光四射之势。

香的秘辛和奇崛，以我的浅阅读和粗体验，品之有五。

一曰香之沉雄，如挥鞭断流，气脉磅礴。

中国的诗经、楚辞、唐诗、宋词、元曲、明清小说，西方外域的《圣经》《悟性论》等等，无数先贤圣杰、文人墨客留下许许多多对香的撰写叙说和歌颂。读《三国演义》，对香的赞美叹为观止。关羽被杀后，曹操将其首级和用沉香雕成的身躯，一同下葬。孙权也用沉香木盒盛装张飞首级交还刘备。诸葛亮在收到曹操的鸡舌香后说：孟德喻我应“明德惟馨，少造杀戳也”。香风从江面刮过，要以馨德取代“红透长江”赤壁大战式那样的“杀戮”，化干戈为玉帛，以渔火啸聚取代狂燎烈焰，将香用之于外交，用之于军事，真可谓笔蓄霜断，字挟秋严，端的了得。

二曰香之怡暇，如秋水长天，空灵明丽。

人的嗅觉，较之视觉、触觉、听觉，是一种直接而又最神秘最复杂的感觉。由于通关认知，开窍结构有异，男性在纹路、质地、颜色层面优于女性，女性对香的感觉，层次分明，辨析得体，远远高于男性。这许多已经为科学研究所证明。

香的广阔无垠，香的生活之欢，道尽人间熏香之乐，品香之快。古人很早就懂得从香气中品味人生之乐。宋神宗元年，苏轼、黄庭坚、米芾、秦观和日本圆通大师等16人在西园雅聚，李公麟作《西园雅集图》，米芾写了《西园雅集园记》，有“水石潺湲，风竹相吞，炉烟万袅，草木自馨，人间清旷之乐，不过如此”。

科学家们试图搞清楚香里所蕴藏的奥秘，为此，有了香味化学——嗅觉科学的发展。100多年来，科学家们为了寻找人类对气味感觉的科学解释，提出了起码不下50种相关学说，但总的来说，由于缺少实验的考证，大多只能叫做半经验理论。直到21世纪以来，关于嗅觉科学的研究才获得些许重要的推进。

2004年，瑞典卡罗林斯卡研究院诺贝尔奖评委会决定将当年的诺贝尔生理学（医学奖）授予美国科学家理查德·阿克塞尔教授和琳达·B·巴克教授，原因是他们在气味受体和嗅觉系统组织方式的研究中作出了重大突破。

2008年，以色列魏兹曼研究院神经生物学系诺阿姆·索贝尔教授和美国加州伯克利大学的科学家成功绘制出不同气味的结构图谱。这项发现最让人充满想象的是，我们有可能将气味进行数字化处理，实现经由互联网进行传输！

三曰香之飘逸，如燕婉情深，快乐波澜。

读张爱玲《第一炉香》，燃起一炉烟，香味氤氲着，燃尽了，香灰却冷了，故事也完了，这是张爱玲的感悟。宋代诗人苏轼，晚年与其弟苏辙，以香为伴，终日焚香作赋，在《和香直韵》中，有“一炷香烧火冷，半生身老心闲”句，香炉燃尽，故事未完，而是半生心闲。明末清初，江南才子冒辟疆在《影梅庵忆语》中描写他和董小宛深夜焚香的生活享受，有“一香凝然，不焦不竭，郁勃氤氲，纯是糖结”，“我两人如在蕊珠众香深处，令人与香气俱散矣”，那香是“不焦不竭”的，是“人与香气俱散”的。张爱玲、苏轼、冒辟疆三人，一个幽窗破寂，一个身老心闲，一个细想闺怨，三种品味，三种解惑，三种境界，读来，始惊、次醉、终狂。

四曰香之委曲，如缠绵悱恻，哀感顽艳。

宋代诗人黄庭坚说，香有十德，他的《香之十德》叙写香的十种境界，其中有“久藏不朽”“常用无障”二种。在《红楼梦》《孽海花》等文学作品中，都写到昏厥的人，在沉香开窍通关之后，瞬间就苏醒过来的情节。香霭馥馥撩人，人脑瞬间辨析，故明代作家陈继仟在《岩幽棲事》中有“香令人幽”之说。

香的生命，是活体的、自然的寿命，非一般静态的、艺术的文物寿命可以比拟的，它动辄几年，几十年，数百年，上千年，朝朝代代信息缠绵悱恻依附于上，年代越久品质越佳越哀感顽艳。这与它的形成、生长有关。也是15年来，我对它深深好奇探究的一个关键点。

五曰香之流动。如悲悯流淌，化腐朽为神奇。

香的生命，是流动搏击、万类竞跃、四季交替的，是历经磨难、备受艰辛而生成的，品香就是和大自然气息相交映，与自然天籁相接融。就如香中之王沉香，犹记在东莞寮步看到的“开香门”，历经“雨露”“膏脉”也就是各种风雨雷电，各种害虫毒菌，凝聚于沉香树的砍凿伤口之中，“渐积成香”。

以沉香制成的中成药，大约数十种；以其配伍的达到百多种，而民间验方则达数百种。本书阐释沉香“与众香相合”，香韵历久不衰之论，是很有见地的。

香有五品，厚德载物；香之历史，源远流长。

香在中华诗词歌赋、历史文献综述中，曝光率极高，可谓恒河沙数，车载斗量。

香是文化基因，融入深植中国人礼仪法度、民风民俗、生活日常，须臾不离，代代相传。

香贸易是横贯欧亚大陆丝绸之路上璀璨明珠，穿越过汉唐宋至明清岁月长河，荟萃东西方物质精神文明，融通世界，熠熠生辉，其历史地位和价值，搜辑文献，研究递进，都有广阔空间，亟待考镜源流，深芜耕耘。

香业香事于盛世回归，粤桂琼星罗棋布的香树种植，东莞寮步、茂名电白、中山五桂山香街的三足鼎立；诚如是，在中国香业香事繁华消逝160年之后，能够披坚执锐，赓续发展。

王珀、宋兵是香宅子品牌的创始人，也是广东南方软实力研究院国香文化研究中心主任、副主任，从事香文化香事，盖有年矣。二人师从中医世家香世家传人，修习传统和合香技艺，发心发愿传承发扬中华传统香文化，让修心静雅香生活回归中国人的日常，在数年时间里积累丰富教学实践，完善香文化教育读本系列。她们孜孜以求香与文化的联姻结合，也很切合应验我“经济与文化是热恋关系而非父子关系、兄弟关系”的理念。全书以“礼敬、香的世界”“和雅，香的生活”为关键词，道器并举，以“中华传统文化”“中华本草和合文化”统绪；呈现缤纷多姿香文化，与香手作体验勾连，将香席礼仪与现代生活方式融合；追求品香、坐香、课香三礼敬，演绎器具之美、礼仪之美、香品之美，以达敬雅静洁、平和中正的新生活境界，给我们点燃一柱“心字香”，以涵养心灵，熏陶美感。

香气川流不息，不断吸收天地日月精华，在人类的繁衍生息中孕育着源远流长的香之文化。香、文化与自然生生不息，迸发出庞大能量，如同罗马广场“黑石”那样，引人遐思，催人感怀！

是为序

2020年9月6日于广州

目录

第一章

大自然的芳香世界

香文化是中华民族传统文化瑰宝，祥烟缭绕数千年，伴随我们文明风雅的生活方式，见证华夏文明的灿烂历程。

1 中华香祖

香文化在中国源远流长，渗透在社会生活诸多方面，是中华民族历史不可多得的财富。香，不仅能养和身心，祛秽疗疾，还能潜心静气，修习心性；不仅是一种物质生活，更是一种精神世界。自古以来，焚香、敬香、咏香、赞香、制香，是高洁情操、美好雅性、儒礼气质的象征和代名词，我们从香文化中认识自然，体味人生，感悟生命。

香祖——炎帝神农氏（中华农业始祖、中医本草始祖）

学习香文化，对中华文明始祖要有礼敬之心。中国人生命运转传承来自祖先的血脉，敬祖就是找到自己的根，给自己提供生命养料，与生命对话。

全世界华人都是炎黄子孙，“炎黄”指炎帝和黄帝。炎帝号神农氏，相传他是中国上古时期姜姓部落的首领，其部落居住炎热的南方，称为炎族；他因懂得用火而得到王位，称炎帝。炎帝神农氏不仅是农业始祖、中医本草始祖，同时也是香祖，与黄帝一起被尊奉为中华民族人文始祖，为中华民族留下绵延深厚的福泽，是中华民族团结奋斗的精神动力。

【书香人家】

神农尝百草

上古时期，五谷杂草并生，人们靠打猎为生，生疮得病无医无药，神农氏带领他的臣民，跋山涉水，翻山越岭，行走七七四十九天，冒着中毒的危险，尝出充饥的五谷，还尝出治病的本草，悟出草木味苦的凉，味辣的热，味甜的甘，味酸的开胃，发现了三百六十五种草药，其中散发出芳香之气的草药成为香药。神农氏最后因尝断肠草而仙逝。后人为了纪念他的恩德与功绩，奉他为药王神，并建药王庙纪念。我国川、鄂、陕交界的神农架山区就是传说中神农尝百草的地方。

《神农尝百草》是中国古代神话传说故事，反映古人在生活生产实践中创造医药的过程。汉代形成的《神农本草经》，是中医四大经典著作之一，现存最早的中药学著作。

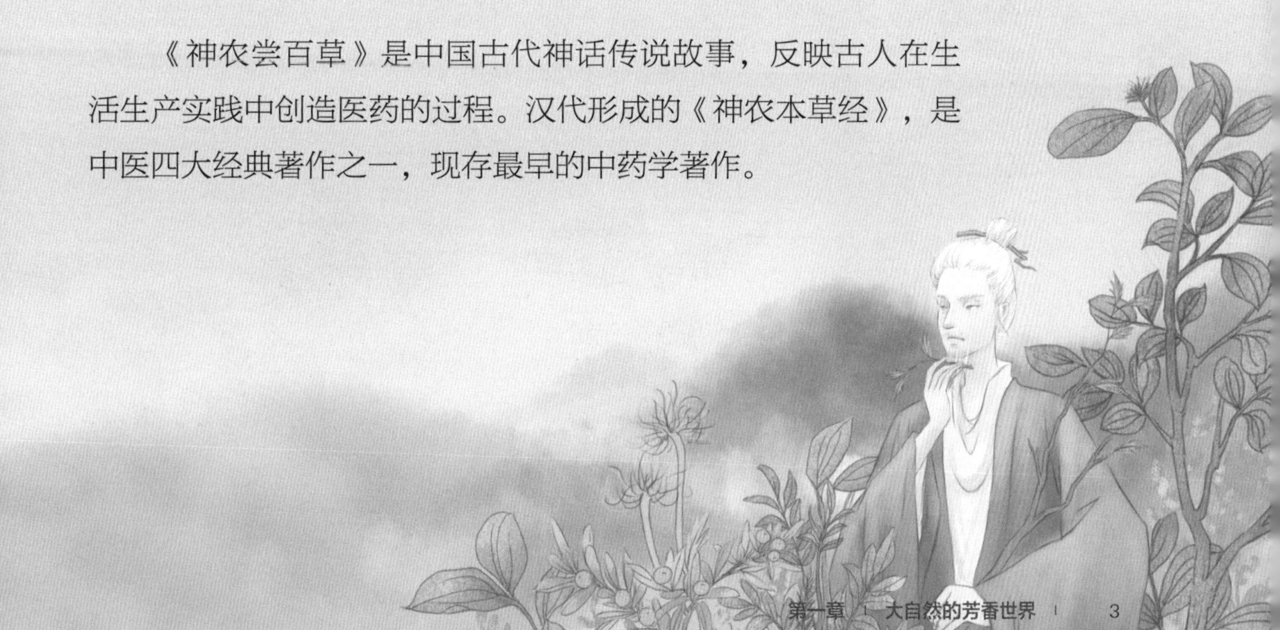

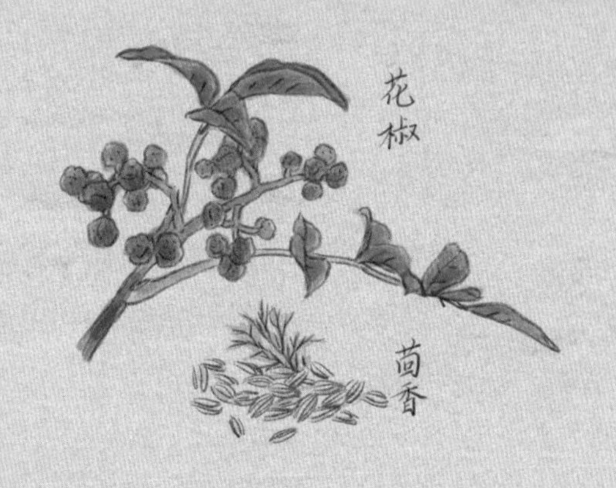

2 香，从哪里来

香存在于天地万物之间，喜香爱香是人类的天性。

人类生活中的衣食住行都离不开香。从美食调味的花椒、茴香、陈皮、薄荷、紫苏，到熏香观赏的玫瑰花、牡丹花、熏衣草、桂花、迷迭香，从救死扶伤的沉香、安息香、没药、乳香、豆蔻，到崇道礼佛的檀香、龙脑香、降真香，各种美妙的香气陪伴着我们，就像阳光、空气、水，为我们提供温暖与芬芳，是生命中的正能量。

想一想

你生活中经常闻到的香味有哪些？

香

篆书

楷体

隶书

【书香人家】

香，芳也。从黍从甘。

——《说文解字》

篆书的“香”字，字形采用“黍、甘”二字。“黍”表示谷物，“甘”表示可口。“香”字是会意字，本义是食物味道好，引申为气味好闻。可见，人类对香的感知从食物煮熟后发出的香气开始。

中国人喜欢用“香”表达美好的事物，比如，睡得踏实就说“睡得香”，吃东西胃口好就说“吃饭很香”。汉语中“熏染、品味、气质”等词都与香有关。

3 打开“嗅觉”感受大自然

呼吸是生命之源，大自然万物的生命在一呼一吸之间延续。成语“息息相关”中，“息”是指呼吸时进出的气。息息相关，意思是彼此呼吸都相互关联，用来形容关系非常密切。

一呼一吸，这个看似简单的动作，承载着生命的重量和质量，呼吸的本质就是吐纳，即吐故纳新，吸取香味的美好，激发身体的机能，让人身心愉悦，没有人能抵挡香的魅力。

【书香人家】

钟山之神

钟山之神，名曰烛阴，视为昼，瞑为夜，吹为冬，呼为夏。

——《山海经·海外北经》

钟山的山神名叫烛阴（烛龙），烛龙睁开眼，天下便是白昼；烛龙闭上眼，天下便是黑夜；烛龙吸一口气，天下便是冬季；烛龙呼一口气，天下便是夏天。这个神话对呼吸这一生命运动现象已经有了初步的认识。

人体的呼吸系统由呼吸道和肺组成。呼吸道包括鼻、咽、喉、气管、支气管。空气通过呼吸道进入肺内的肺泡，与肺泡周围的毛细血管内的血液进行气体交换。人体吸进新鲜氧气，呼出二氧化碳，完成吐故纳新。香是“眼耳鼻舌身意”六根中，隶属鼻根的，呼吸香气让人身心舒畅愉快。

不同动物，呼吸的方式也不同。大多数鱼靠鳃吸收水中的溶解氧呼吸；蝗虫用气管呼吸；海豚用肺呼吸；蝌蚪用鳃呼吸，青蛙主要用肺兼用皮肤呼吸；鸟类运用其特有的“气囊”与肺进行气体交换，实现“双重呼吸”。

绿色植物时时刻刻也在进行着呼吸作用，为植物生长发育提供能量。

第二章 香与中华历史

6000多年前，古人用燃烧柴木的方式祭祀。他们认为，通过火的焚烧，气味随着烟冉冉升起，神明就能享受到祭品的美味，古人称为“燎祭”，是香的初始。

相传香祖神农氏开创了采集芳香之物的先河，让天然香草用于生活。

早在周朝已出现运用熏香祭祀、驱虫避秽、防治疾病。据《周礼》中记载，“翦氏掌除蠹物，以攻禜攻之，以莽草熏之，凡庶蛊之事”，意思是翦氏为了祛除器物上的蛀虫，用了击鼓和莽草熏燃等办法，可知这一时期古人点燃有香气的草木来驱虫避秽。《诗经》载有植物100余种，其中蕙、蒿、芗、艾、椒、桂等皆是中国原生芳香植物，计30余种。

先秦时期，盛产本草的楚国大地出了位“香中君子”屈原，他是高阳帝的后裔，由内至外都散发着芬芳之气。他不仅有忧国忧民、高雅志洁的情操，也有浪漫诗意、精致到细微处的品味生活：

他常以花为食：

朝饮木兰之坠露兮，

夕餐秋菊之落英。

他身佩香物如常：

户服艾以盈要兮，

谓幽兰其不可佩。

他沐汤必有香：

浴兰汤兮沐芳，

华采衣兮若英。

兰草芳灵，香气袭人。

先秦以后，择吉日以兰汤辟邪举行祭礼，这就是上巳节的由来。

每逢农历三月三，春和景明，人们走出家门，集于水边，沐浴兰汤，洗濯祓除病邪，称为“祓禊”之礼。到后世，上巳节逐渐成为水边饮宴，郊外游春的节日。

秦汉时期，香文化兴起。汉武帝雄才大略、文治武功，反击匈奴，开疆拓土。汉武帝两次派张骞出使西域，开通举世闻名的丝绸之路，西域香料源源不断进入中国，如乳香、没药、安息香、丁香、花椒等，熏香文化在当时王公贵族间盛行。

从汉朝开始，朝廷建立了朝会熏香制度，自此以后历朝历代凡上朝等重大场合必熏香，以此显示庄严和礼遇。

魏晋南北朝社会不稳定，但用香在士大夫中还是盛行，人们以香粉敷面美容成为时尚，男子熏衣之风尤为突出。魏文帝曹丕好熏香，竟因香气太盛而致马匹受惊。据《颜氏家训》记载："梁朝全盛之时，贵游子弟……无不熏衣剃面，傅粉施朱"。

隋朝经济繁荣，隋炀帝营造东都，迁都洛阳，以洛阳为中心，开凿大运河，商旅往返船乘不绝，加强了南北经济及文化的交流。隋炀帝是好香之人，尚奢华之风，据明代周嘉胄著《香乘》记载，隋炀帝每至除夜，殿前诸院设火山数十车，尽沉香木根，每一山焚沉香数车，以甲煎沃之，焰起数丈，香闻数十里。一夜之中用沉香二百余乘，甲煎二百余石，房中不燃膏火，悬宝珠一百二十以照之，光比白日。

唐朝经历贞观之治，开元之治，经济繁盛，杜甫诗中有云："稻米流脂粟米白，公私仓廪俱丰实"，盛世用香达到高峰，不单宗教仪式需要焚香，朝廷、贵族及富裕人家都大量使用香料。

武则天定都洛阳，独爱牡丹，国色天香的牡丹配以各种珍贵香料，被精心制成宫廷御用牡丹香，现在，牡丹香制作技艺是洛阳市非物质文化遗产。

公元754年，鉴真和尚第六次东渡日本成功。他讲授佛学理论，传播中国文化，也将中华香文化传播到了日本。

刘禹锡的《陋室铭》中写有"斯是陋室，惟吾德馨"，把德行喻为传播至远的香气。中华香文化从唐朝开始流传至世界各地。高丽、日本、东南亚各国纷纷派遣官员前来学习，香文化促进了中外文化的交流。

到了宋朝，香文化达到辉煌盛世。当时，国家经济富裕，百姓袋里有银，依司马光的说法，唐朝富贵人家才穿丝织品，而宋代贩夫走卒都能穿。自宋太祖赵匡胤起，宋朝皇帝对香料贸易皆十分重视，海上丝绸之路的贸易品种由唐代的珍宝犀牙又增加了香料贸易，“香料之路”由此闻名世界。

宋朝朝廷设立榷易院负责香药专卖事宜，香料贸易获利丰厚，赋税占财政收入的1/4。北宋徽宗、南宋高宗在宫中专门设有造香阁，整个宋朝香料贸易发达，巷陌飘香。张择端的《清明上河图》中也记载了都城东京汴梁（今河南开封市）香铺买卖的热闹景象。

宋朝的文人雅士崇尚自然风雅，焚香、点茶、挂画、插花是生活日常，被称为“君子四雅”。香料在文人生活中也有许多妙用，如：书中置（或熏烧）芸香草避虫，有了“书香”；以麝香、丁香等入墨，有了“香墨”；以沉香树皮作纸，有了“香纸”（蜜香纸、香纸皮）；以龙脑、麝香入茶，有了“香茶”；等等。文人中还有许多制香高手，如黄庭坚、朱熹、苏东坡等。

明、清是香文化发展的另一个高峰期。郑和七下西洋，出口中国的丝绸、茶叶、瓷器，进口大量香料，香料在民间应用广泛。据《西洋朝贡典录》记载，当时外国朝贡的物产中有一半左右是香料。明朝出现了许多制香工坊，如广州的吴家香业，就以“心字香”闻名，而线香始于元朝在明朝开始盛行，方便外出携带使用。

清末以后经济衰败，社会动荡，中华香文化出现了历史断层。

20世纪80年代改革开放后，与经济发展同步，香文化开始复苏，进入21世纪，中华传统文化复兴与回归，盛世传香，香文化又逐渐融入我们的现代日常工作生活中，重放异彩。

第三章

香与丝绸之路

“丝绸之路”指古代中国西北与中亚、西亚、南亚、非洲、欧洲等地之间的陆上贸易通道。大量的中国丝绸和丝织品经此路运往西方，故称“丝绸之路”。通过这条通道运输的商品还有瓷器、香料、茶叶等，所以也称之为“瓷器之路”“香料之路”“茶叶之路”。海上丝绸之路自中国东南部沿海出发，取道海上进行东西方交往。陆上与海上丝绸之路促进了中国与世界的交流，对中国和沿线各国社会经济文化产生了深远的影响。在这段辉煌的历史进程中，许多人和事值得在中华香文化史中记上浓重的一笔。

1 丝路开拓者张骞——追香

张骞受汉武帝派遣两次出使西域，其间历经千难万险，最终建立了汉朝与西域的交通要道。从西汉的敦煌，出玉门关进新疆，再到中亚、西亚这条横贯东西的通道，就是著名的“丝绸之路”，张骞被世人认为是开拓丝绸之路的重要功臣。乳香、没药、安息香、丁香、苏合香等香料以及汗血马、葡萄、苜蓿等物种通过丝绸之路源源不断进入中国。

2 广州港——运香

广州古称“番禺”，自古以来就是岭南商贸和文化中心。据文献记载，早在秦汉时期，广州已成为中国海上丝绸之路的一个重要港口。1983年在广州南越王墓就出土了乳香、熏炉等文物，很多香料均来自海外。星换斗移，广州港历经两千多年依然长盛不衰，保持世界贸易大港。经广州港出口大量瓷器、茶叶、丝绸等，进口的香料主要有龙涎香、檀香、降真香等，广州港见证了“海上丝绸之路”的繁荣。

3 郑和下西洋——寻香

明朝郑和在28年间七次奉旨率船队远航西洋，途经爪哇、西门答腊、苏禄、彭亨、暹罗等30多个国家和地区，最后到达大西洋和非洲东岸，创造了世界航海史的奇迹。郑和下西洋所到的东南亚、印度洋沿岸、东非诸国均是香料著名产地，船队以中国丝绸、茶叶、瓷器，换回大量香料、象牙、珠宝等，开启了明朝繁荣的香料朝贡贸易。

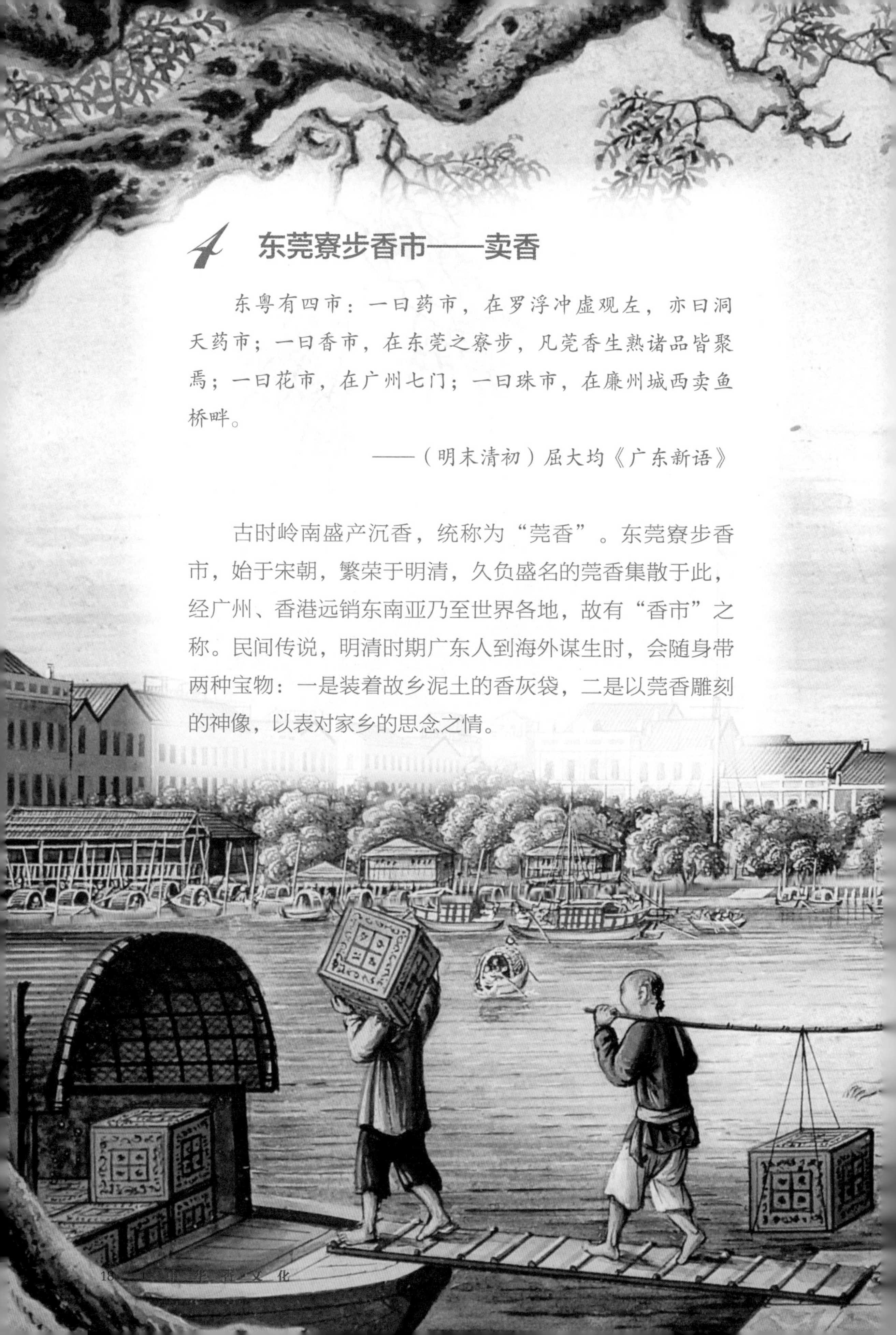

4 东莞寮步香市——卖香

东粤有四市：一曰药市，在罗浮冲虚观左，亦曰洞天药市；一曰香市，在东莞之寮步，凡莞香生熟诸品皆聚焉；一曰花市，在广州七门；一曰珠市，在廉州城西卖鱼桥畔。

——（明末清初）屈大均《广东新语》

古时岭南盛产沉香，统称为“莞香”。东莞寮步香市，始于宋朝，繁荣于明清，久负盛名的莞香集散于此，经广州、香港远销东南亚乃至世界各地，故有“香市”之称。民间传说，明清时期广东人到海外谋生时，会随身带两种宝物：一是装着故乡泥土的香灰袋，二是以莞香雕刻的神像，以表对家乡的思念之情。

5 中山香山——种香

中山旧时与珠海、澳门同属香山县，当地的五桂山盛产沉香，至今五桂山还有野生沉香林。明末清初屈大均的《广东新语》中记载了香山多香林。

6 香港真的与香有关

“香港”地名的由来，有一种说法也与香料有关。明朝时，此地隶属广东东莞，大批莞香从水路运至九龙尖沙头的香埗头，再转运到湾仔石排湾集中装大船运往各地；进口香料也在石排湾转运回沿海各省。长此以往，此地就被称为香港，也就是“香料贸易之港”。

第四章 香的故事

香，是甜润美好的，与优美、芬芳、快乐总是联系在一起。在几千年文明历史长河中，香是中国人生活中不可缺少的重要物品，读书以香为友，独处以香做伴；书画会友，香增儒雅；品评论道，香增灵慧；衣饰香熏，被需香暖；调弦抚琴，清香净心；幽窗静寂，香云助兴。从古至今，许多香的故事一直在流传。

1 嫘祖救父

相传黄帝妻子嫘祖的父亲病重昏迷，已经无法喝下汤药，孝顺的嫘祖情急之下将本要煎煮的药材磨碎后熏燃，顿时房间内充满了药香，几个时辰后她的父亲闻着药香渐渐苏醒，这种通过呼吸治病的方法被古人称为“香疗”。

【书香人家】

香药同源，从传说中神农尝百草起直到明朝李时珍《本草纲目》记录1892种中医本草，其中有200多种具有香味的本草不仅气味芳香宜人，同时也能治病救人并有养生保健作用。

想一想

中华传统文化礼孝为先，父母亲生病时你可以为他们做些什么呢？

2 迺存含香

相传东汉桓帝时期，朝廷一大臣名迺存，年纪大，有口臭。一日，桓帝赐了迺存一个状如钉子的东西，命他含到嘴里。迺存不知其为何物，惶恐中只能遵命。入口后感觉辛辣刺口，便以为是犯了错桓帝要赐死予他，没敢立即咽下，急忙回家与家人诀别。此时恰好有一位好友来访，觉此事有些蹊跷，便让迺存把“毒药”吐出看看。迺存吐出后，却闻到一股浓郁的香气。好友查看确认是一枚上等鸡舌香（即丁香）。原来桓帝嫌他有口臭就特别恩赐，让他含香清口，众人虚惊一场，遂成笑谈。

【书香人家】

丁香相当于古时候的口香糖，古代称为鸡舌香，通过丝绸之路传到中国。丁香香气浓郁，有健胃消胀去口臭的作用。自汉朝以后，含鸡舌香上朝已经成为一种礼仪。白居易诗中写道“对秉鹅毛笔，俱含鸡舌香”。“俱含鸡舌香”是同朝为官的意思。

想一想

从丝绸之路传来的香料还有哪些？

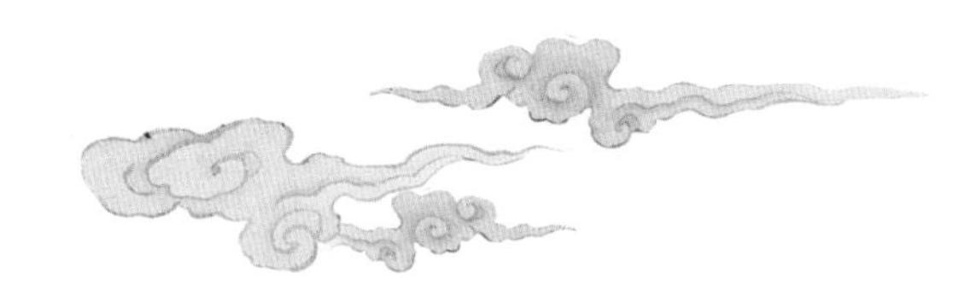

3 曹操赠香

今奉鸡舌香五斤，以表微意。

——（汉）曹操《魏武帝集·与诸葛亮书》

古时香为风雅之物，也是馈赠佳品，赠香至魏晋南北朝时期已形成一种风气，各国朝贡、朋友酬答、文人述志、恋人定情均以香为媒，留下赠香的佳话。

曹操与诸葛亮虽是死对头，但曹操也曾赠送鸡舌香给诸葛亮。有人说，这是曹操视诸葛亮为知音，但历史研究者认为，曹操是借赠香，暗示劝降诸葛亮。香成为了他们之间特殊的交流工具。

【书香人家】

茶与香均有芬芳馥郁之香气，为风雅高洁之士所爱，也是性情淡泊，才情精妙的象征，古人在品茶雅聚时必会燃一炉香，香茶相合助兴，更增意境。

想一想

什么是德性之香？

4 沉香亭

以香冠名的建筑以唐朝沉香亭最有代表性。唐玄宗李隆基为他最宠爱的杨贵妃修建了观赏牡丹之地沉香亭，诗仙李白奉唐明皇之命为杨贵妃赋诗《清平乐》：

名花倾国两相欢，长得君王带笑看。
解释春风无限恨，沉香亭北倚阑干。

相传杨贵妃的哥哥杨国忠仿效沉香亭，盖了一座四香亭，用沉香为阁，檀香为栏，以麝香、乳香筛土和为泥饰阁壁。每到春天，木芍药盛开之际，聚宾友于此阁上赏花，尽显奢靡之风气。

【书香人家】

沉香亭于1958年复建，坐落于陕西省西安市兴庆宫遗址公园。“沉香亭”金匾由当代名家郭沫若题写。

想一想

还有什么以香而著名的建筑？

5 文人梅花香

历史上许多文人雅士都是制香高手，如王维、李商隐、徐铉、黄庭坚、苏轼、陆游等，文人最喜配制梅花香，配方有数十种之多，流传至今。

《陈氏香谱》记载了一则轶事。一次，以画梅著称的花光寺仲仁长老派人将两幅新作送给黄庭坚，黄庭坚相约好友惠洪泛舟赏画，黄庭坚感叹道：画面如此生动，让人仿佛真的置身初春清寒的梅林间，唯一的遗憾是没有花香！惠洪当即笑着从随身包囊中取出一小粒香丸，焚于炉内。很快，舟中梅花香气轻浮暗溢。这种香就是当时著名的“韩魏公浓梅香”，黄庭坚还为它取名“返魂梅”。

【书香人家】

香，寄托了文人冰清玉洁的高雅追求；梅花的风骨深受中国文人的宠爱，梅花的清高、脱俗、玉洁、冰清，是中国文人雅士的精神寄托。梅花香象征志洁品高的情操和不随俗流的德行。

想一想

梅兰竹菊代表的是一种什么精神？

6 香牌

古时香料珍贵，朝臣年老请辞告老还乡之时，皇帝都会命造办处用沉香及名贵香料以宫廷秘方精心配制御赐告老还乡（香）牌作为赏赐，表示对臣子功劳的荣誉嘉奖。清嘉庆元年时，太上皇乾隆举办盛大千叟宴，邀请了全国各地千名老人参加，在宴上向老人发放“御赐养老”香牌，以示养老敬老之意。

【书香人家】

告老还乡又称告老还家，“告老”泛指年老退休，“还乡”是回到家乡。告老还乡指古代官吏以年老多病为由向朝廷请辞官职，返回家乡，是古时的一种退休制度。

想一想

中国人还有哪些佩香的习俗？

第五章 香与诗词

古时中国人用香料、诗词传递对美好生活的感悟，熏香、品香、吟诗、作对、古乐是古代文人雅士高品位的精神生活方式。以诗抒情，诗中有香；以诗言志，香融诗意。

1 晨起一炉香

太阳初升，书童准备洗漱之物，焚一炉晨香。平生不喜车马热闹之地，愿学庞公，安顿心绪，清静养神。

晨起

（宋）陆游

初日破苍烟，零乱松竹影。
老夫起烧香，童子行汲井。
平生水云身，不堕车马境。
愿言学庞公，全家事幽屏。

2 朝会一炉香

五更时分拂晓来临，皇宫内春色烂漫，旌旗舞动，燕雀高飞，香烟缭绕，大臣们退朝后满袖生香，回到凤凰池头挥笔为皇帝写诏书。

奉和贾至舍人早朝大明宫

（唐）杜甫

五夜漏声催晓箭，九重春色醉仙桃。
旌旗日暖龙蛇动，宫殿风微燕雀高。
朝罢香烟携满袖，诗成珠玉在挥毫。
欲知世掌丝纶美，池上于今有凤毛。

3 书房一炉香

坐在充满灵气的书房之中，香炉中燃着一炉篆香。气味清香使人清醒，散发的芬芳之气融入文章中。

烧香（节选）

（宋）连文凤

坐我以灵室，炉中一篆香。
清芬醒耳目，余气入文章。

4 饭后一炉香

午饭后在草屋中休息，焚一炉有安神功效的香，可以更快集中心神，达到收敛心气、清静内心的目的，一炉真香起，所有烦心之事在香气的涤荡之下，消散于无形。

饭了（节选）

（宋）许月卿

饭了庵中坐，高情等寂喧。

井泉春户口，篆火午香烟。

5 静坐一炉香

在南台山静坐点上一炉香，静了下来，世间的事都放了下来，很清净，很清静，烦恼自然消失，无可思量，怡然自在。

静坐

（唐）守安禅师

南台静坐一炉香，终日凝然万虑忘。

不是息心除妄想，都缘无事可思量。

6 夜深一炉香

夜已经深了，香炉里熏点的香早已燃尽，轻风寒气袭人，夜晚的春色美得令人难以入睡，只见花影随着月亮的移动，悄悄地爬上了栏杆。

春夜

（宋）王安石

金炉香尽漏声残，剪剪轻风阵阵寒。
春色恼人眠不得，月移花影上栏干。

7 帐中一炉香

锦帐中安睡前要先添上一炉香，换上宁神之香，一夜酣睡。

赞浦子（节选）

（五代）毛文锡

锦帐添香睡，金炉换夕熏。
懒结芙蓉带，慵拖翡翠裙。

8 酒后一炉香

薄雾弥漫，云层浓密，日子过得愁烦，龙脑香在金兽香炉中缭绕。又到重阳佳节，卧于玉枕纱帐中，半夜的凉气将全身浸透。

在东篱边饮酒直到黄昏，淡淡的黄菊清香溢满双袖。莫要说清秋不让人伤神，西风卷起珠帘，帘内的人儿比那黄花更加瘦弱。

醉花阴

（宋）李清照

薄雾浓云愁永昼，瑞脑销金兽。佳节又重阳，玉枕纱厨，半夜凉初透。
东篱把酒黄昏后，有暗香盈袖。莫道不销魂，帘卷西风，人比黄花瘦。

9 春风花草香

江山沐浴着秀丽的春光，春风送来花草的芳香。燕子衔着湿泥忙筑巢，暖和的沙子上睡着成双成对的鸳鸯。江水碧波浩荡，衬托水鸟雪白羽毛，山峦郁郁苍苍，遍山红花相映。今年春天眼看就要过去，何年何月才是我归乡的日期。

绝句二首

（唐）杜甫

迟日江山丽，春风花草香。
泥融飞燕子，沙暖睡鸳鸯。
江碧鸟逾白，山青花欲燃。
今春看又过，何日是归年。

10 梅花暗香来

百花凋零，唯有梅花迎着寒风昂然盛开，那明媚艳丽的景色把园子的风光占尽。稀疏的影儿，横斜在清浅的水中，清幽的芬芳浮动在黄昏的月光之下。

山园小梅二首（其一）（节选）

（宋）林逋

众芳摇落独暄妍，
占尽风情向小园。
疏影横斜水清浅，
暗香浮动月黄昏。

“香”不仅在诗画中，在气味中，还在风景里。诗词中的意境，日常生活里的感受，人们借记录“香”，发现细微而真实的日常，勉励我们珍惜当下的光阴，拥抱一切的美好。

第六章

香中有礼

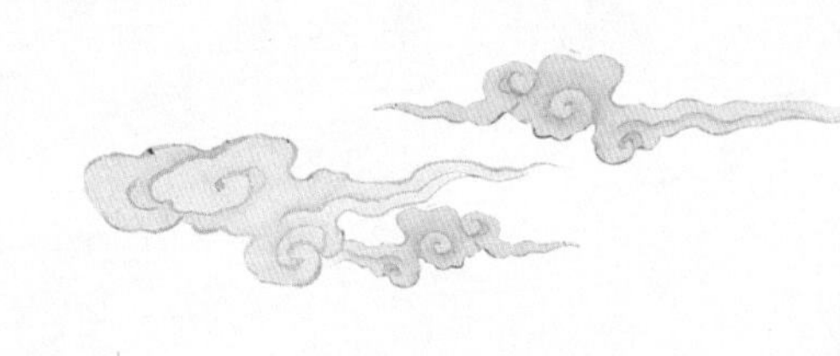

中国是几千年东方文明古国、礼仪之邦，生活中许多事都围绕着一个“礼”字。中国人以彬彬有礼的风貌而著称于世。礼仪文明作为中国传统文化的一个重要组成部分，对中国社会历史发展影响深远，所涉及的范围非常广泛。中国古代礼仪以周礼为代表，礼仪分为政治与生活两大类。政治类包括祭天、祭地、宗庙之祭；祀先师、先王、圣贤；乡饮、相见礼、军礼等。生活类包括诞生礼、冠礼、饮食礼仪、馈赠礼仪等。

中国古代的“礼”和“仪”，实际是两项不同的概念。“礼”是制度、规则和社会意识观念；“仪”是“礼”的具体表现形式，它是依据“礼”的规定和内容，形成的一套系统而完整的程序。

香中有礼就是在制度化、秩序化的仪式中焚香祭拜，恭敬天地祖先，让香火祈福国泰民安。

1 国家大事

中华大地祭祀天地祖先的历史源远流长，古时指祭神、祈福的传统仪式，进贡上香，叩拜行礼，庄重肃穆。历朝历代都十分重视祭祀，将其作为一种重要的礼制活动，以体现皇帝作为万民表率敬天法祖的意义。

古人所有的祭祀活动中，焚香都是其中一项非常重要的仪式。在黄帝时期，中国就有了燔香祭祀之礼，以表达对天地人神的谦恭和敬意。重要的祭祀仪式包括冬至日的祭天仪式、夏至日的祭地仪式、正月的祈丰年仪式、二月和八月的社稷坛祭拜仪式等。

2 朝会熏香

从汉代起已经有了朝会熏香制度。唐朝的宫廷礼制中，焚香是一项重要内容。庄严的大殿上都要焚香，如唐朝朝堂明文规定要设熏炉、香案。

3 宗族大礼

礼有三本，天地者，生之本也；先祖者，类之本也；君师者，治之本也。

——《荀子·礼论》

祭祖是中国传统日常生活中的一种仪式文化。崇拜先祖是中华文化之根。

礼最突出三大本原：一为天地，二为先祖，三为君师，宗族大礼代表的是代代传承的生命根本、文化血脉。

祭祖即祭祀祖先，延绵香火的习俗，虽祭祖礼仪繁杂有别，但祭祀的本义是相同的。上至天子，下至百姓，除夕、清明、中元、重阳是中国传统祭祖的重要日子，点上香烛、摆上祭品是不可缺少的重要环节。

4 生活中的香礼

男女未冠笄者，鸡初鸣，咸盥漱，栉縰，拂髦总角，衿缨，皆佩容臭。

——《礼记·内则》

古人将生活中的香礼视为一种日常的礼仪。未成年人在拜见长辈问安之前，不仅要漱口洗手，整齐发髻；而且要在衣服上系挂香囊，以表达对长者的恭敬。

古人生活中的各种大事，也都要焚香祈福。

【书香人家】

科举高中，金榜题名

古代的考试称作科举，临考前，考生会去拜文昌帝君即人们常说的文曲星，也是被称作“考神”的神仙，焚香祷告，祈求吉星高照、前程远大。

礼部贡院试进士日，设香案于阶前，主司与举人对拜。

——（北宋）沈括《梦溪笔谈》

在礼部贡院试进士那日，要将香案摆设在阶前，科举考官与考生对拜，之后再进行考试。在科举考场上焚香，表示对先贤圣人的尊重。除了在科举考场上焚香，倘若高中及第，接旨之时也要设香案，用以表示高中之人对朝廷的尊重和敬畏。

义结金兰，订立盟约

中华传统文化中，很看重仁、义、礼、智、信、温、良、恭、俭、让，古人对志趣相同，忠肝义胆的朋友，通常结拜为异姓兄弟姐妹。

旧时结拜兄弟姐妹时先用红纸写出每人姓名、生辰、籍贯及父母等人姓名，这叫金兰谱。然后摆上天地牌位，根据各人年龄的大小，依次焚香叩拜，一起宣读誓词。金兰之交，形容情投意合、品格高尚的挚友。

订立盟约之时也会焚香叩拜，以示诚实和不可隐瞒、欺骗之意。

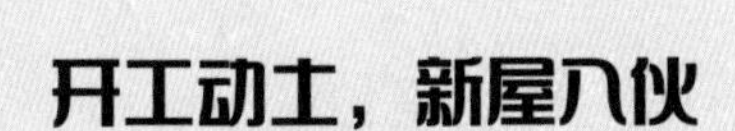

开工动土，新屋入伙

在古时候，凡遇开工动土、新屋入伙的日子，都要选黄道吉日，焚香叩拜土地，祈福诸事吉祥如意。

第七章

香与传统节日

中国传统节日凝结着中华民族的民族精神和民族情感，以及中华民族的精神血脉和文化精华，其形成与原始信仰、祭祀文化以及天象、历法等人文与自然文化内容有关，涵盖了哲学、人文、历史、天文等方面的内容，蕴含着深邃丰厚的文化内涵。

中国传统节日承载着众多华夏文化历史符号，蕴含着注重血缘、敬天爱人、崇尚团圆、以和为贵和礼尚往来等美德，所有的传统节日里都有“香”的身影。

1 清明节

清明节在每年4月5日前后，既是二十四节气之一，也是传统节日；兼具自然与人文内涵，是中华民族传统春祭节日，也是人们亲近自然，踏青游玩，享受大自然明媚春光的欢乐节日，又称踏青节、行清节。清明扫墓焚香祭祀、缅怀祖先，表达孝道和对先人思念之情，是礼敬祖先、慎终追远的一种文化传统。

2 端午节

端午节在每年农历五月初五，又称端阳节、五月节、龙舟节、重午节等，名称多达20多个，是我国所有传统节日当中叫法最多的。古人认为菖蒲、艾草有辟邪驱疫作用，有逢端午节在门上挂菖蒲或艾草，给儿童佩戴香包的习俗，体现了中国人天人合一的自然观、哲学观。如今，扒龙舟和吃粽子是端午节的主要风俗。

3 中秋节

中秋节在每年农历八月十五，是中国重要传统佳节之一。古人在中秋节有焚香拜月的习俗。中秋之夜月色皎洁，家家置香案于庭院，案上放置香炉，众人赏月、吃月饼、饮桂花酒，借由袅袅升起的香烟，向月神传递美好的愿望。月圆也是大团圆的象征，每逢佳节倍思亲，一轮圆月寄托客居他乡游子浓厚的思念故乡、思念亲人之情，时至今日，世界各地的华人都会过中秋节。

4 重阳节

重阳节是每年农历九月初九。九月九日两九相重，故而叫重阳，也叫重九。重阳节形成于古时候农作物秋收祭天帝、祭祖的活动，后来演变为民间的节日。古人在重阳节相约登高秋游，插茱萸香草、赏菊花、饮菊花酒。现在，重阳节已被赋予新的含义，《老年人权益保障法》明确农历九月初九为老年节。登高赏秋，感恩敬老是当今重阳节日活动的重要主题。

5 春节

春节是中国传统农历新年，又称过年。古时春节曾专指节气中的立春，也被视为是一年的开始，后来改为农历正月初一开始为新年。古人过春节，从腊月二十八开始，一般要到正月十五（上元节）才结束，以祭奠祖先、除旧布新、迎禧接福、祈求丰年为主要活动。人们要供果、供花、焚香、礼敬，为新年祈福，有守岁、压岁钱、团圆饭、贴年红、挂灯笼等各种习俗。至今，春节仍然是中国最隆重、最喜庆的传统佳节，也是中国人阖家团圆的重要日子。

第八章

四季节气的香

春之昼，夏之荷，秋之夕，冬之雪，四季轮回，在大自然中，我们看到不同的花朵，听到不同的鸟鸣，闻到不同的香气，感受自然的气息。古往今来，无数文人墨客留下众多关于四季节气与香的美好记录。

中国古代人民通过对天文、气象进行长期观察、研究，确定四季循环的起点与终点，并划分出二十四节气。二十四节气中，一年四季分别由：“立春、立夏、立秋、立冬”开始，“立”就是开始的意思。二十四节气在我国传统农耕文化中占极其重要的位置，蕴含了中华民族悠久的文化内涵和历史积淀。

在不同的季节，人们对香气的需求也会产生变化，善用本草香气，实现身心和谐，体现了中国人生活的智慧。

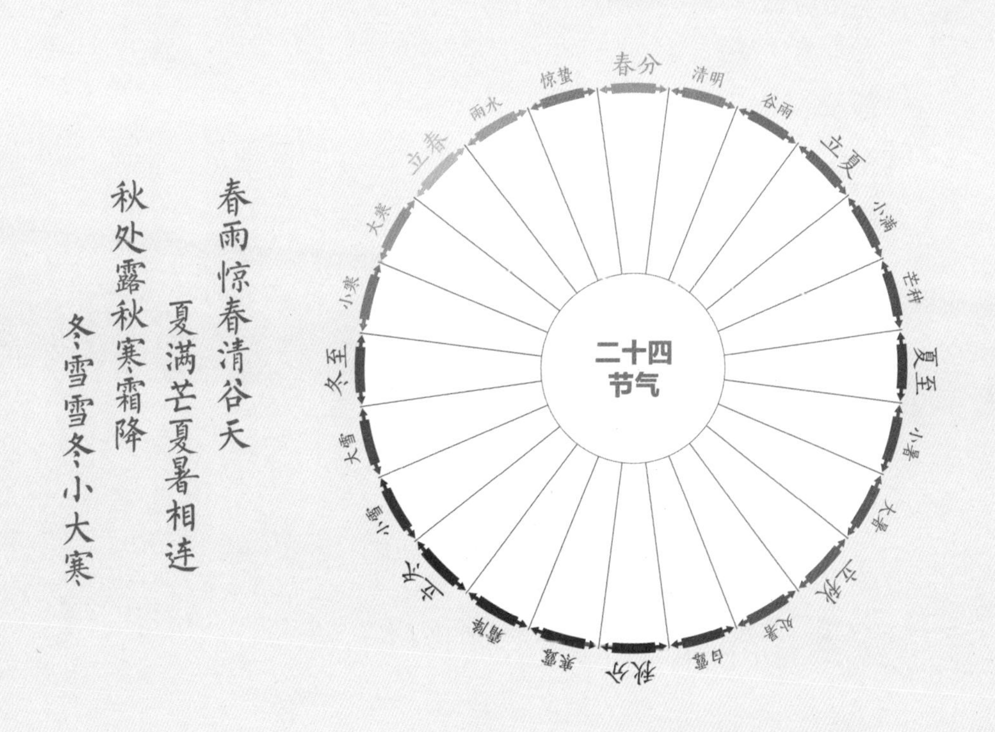

1 春季的香：清新

春季是一年四季中的第一个季节，含节气有立春、雨水、惊蛰、春分、清明、谷雨。春天是万物复苏的季节。

立春是每年2月4日或5日。

一年之计在于春。春是温暖，鸟语花香；春是生长，耕耘播种；春是清新，阳气升发。春季雨水充沛，气候多变，容易滋生疾病，人也容易感到疲倦，这时要早起早睡，经常到大自然中放松身心，熏香疏通肝气，清新醒脑，祛湿提神，保持精神饱满。

春晓

（唐）孟浩然

春眠不觉晓，处处闻啼鸟。
夜来风雨声，花落知多少。

2 夏季的香：清凉

夏季是一年四季中的第二个季节，含节气有立夏、小满、芒种、夏至、小暑、大暑。夏天是生命旺盛的季节。

立夏是每年5月5日或6日。

夏日炎炎，酷热难忍，人们容易烦躁上火，这时可补充一些带苦味的食物，不可多食冷饮，佩戴或熏点清凉的夏香，解暑消夏，宁心安神。

晓出净慈寺送林子方

（宋）杨万里

毕竟西湖六月中，风光不与四时同。

接天莲叶无穷碧，映日荷花别样红。

3 秋季的香：滋润

秋季是一年四季中的第三个季节，含节气有立秋、处暑、白露、秋分、寒露、霜降。秋天，是成熟收获的季节。

立秋是每年8月7日或8日或9日。

秋季天高气爽，月明风清，昼夜温差大，身体需要大量水分补充温润，这时可以用香粉或香丸隔火熏香，有香气而见不到香烟，滋阴润肺去燥，放松身心，为冬天的到来储存能量。

不第后赋菊

（唐）黄巢

待到秋来九月八，我花开后百花杀。

冲天香阵透长安，满城尽带黄金甲。